# 你好，我是细菌

[以色列] 查娜・盖贝 文 / 图　程少君 / 译

天地出版社 | TIANDI PRESS

图书在版编目(CIP)数据

你好，我是细菌 / (以)查娜·盖贝文、图；程少君译. —成都：天地出版社，2020.9
（探秘细菌王国）
ISBN 978-7-5455-5803-6

Ⅰ. ①你··· Ⅱ. ①查··· ②程··· Ⅲ. ①细菌-少儿读物 Ⅳ. ①Q939.1-49

中国版本图书馆CIP数据核字(2020)第111478号

Hi! I'm Bacterium
Text and illustrations by Chana Gabay


著作权登记号　图字：21-2020-203

NIHAO, WO SHI XIJUN
你好，我是细菌

| | | | |
|---|---|---|---|
| 出品人 | 杨　政 | 责任编辑 | 曹　聪 |
| 著绘人 | [以色列]查娜·盖贝 | 装帧设计 | 霍笛文 |
| 译　者 | 程少君 | 营销编辑 | 陈　忠　魏　武 |
| 总策划 | 陈　德　戴迪玲 | 版权编辑 | 包芬芬 |
| 策划编辑 | 李秀芬 | 责任印制 | 刘　元　葛红梅 |

出版发行　天地出版社
（成都市槐树街2号 邮政编码：610014）
（北京市方庄芳群园3区3号 邮政编码：100078）
网　址　http://www.tiandiph.com
电子邮箱　tianditg@163.com
经　销　新华文轩出版传媒股份有限公司

| | | | |
|---|---|---|---|
| 印　刷 | 北京瑞禾彩色印刷有限公司 | 印　张 | 7.2 |
| 版　次 | 2020年9月第1版 | 字　数 | 90千字 |
| 印　次 | 2022年4月第5次印刷 | 定　价 | 98.00元（全4册） |
| 开　本 | 889mm×1194mm 1/20 | 书　号 | ISBN 978-7-5455-5803-6 |


咨询电话：(028)87734639（总编室）
购书热线：(010)67693207（营销中心）

# 你好呀，我是细菌！

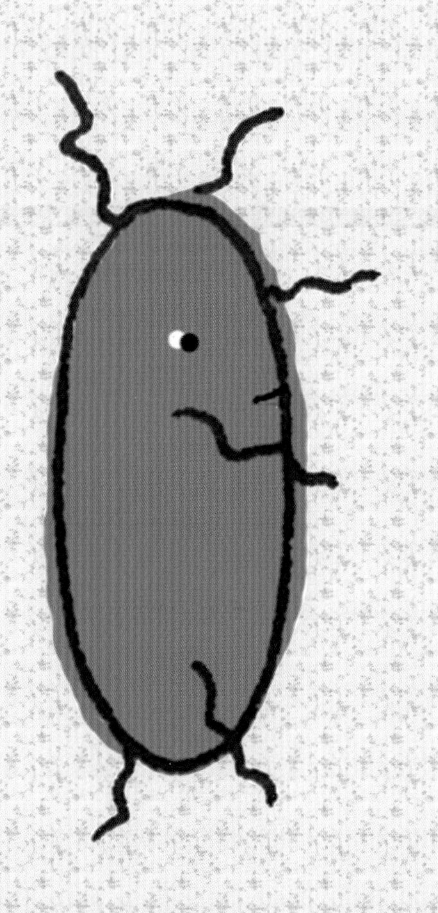

你好，我的名字叫细菌。
在这本书里，你将了解到关于我的所有故事……

我会告诉你我是谁，
住在哪儿，
都干些什么，
关于我不计其数的家族成员的一切，
以及为什么你和我注定会是好朋友。

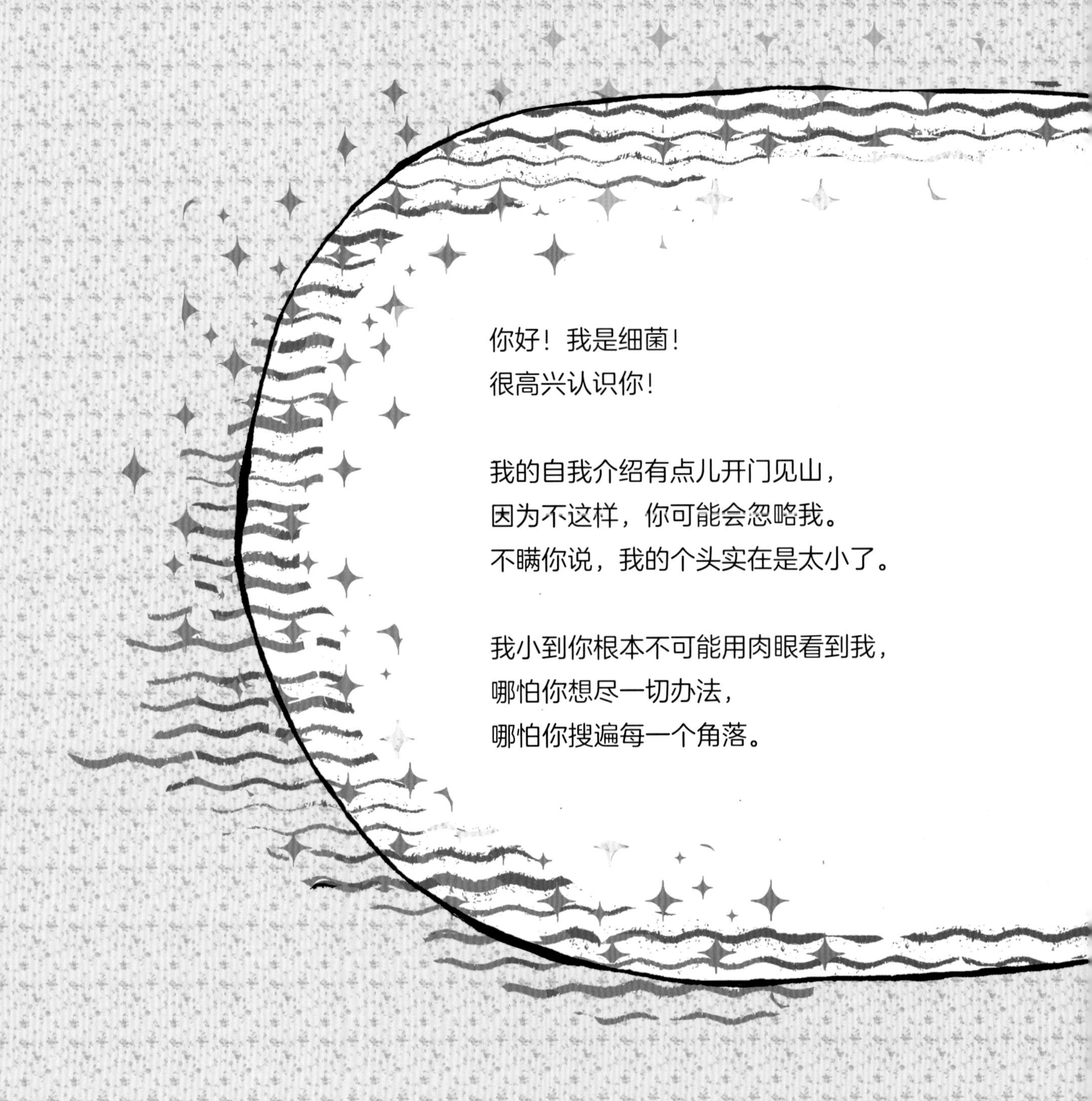

你好！我是细菌！
很高兴认识你！

我的自我介绍有点儿开门见山，
因为不这样，你可能会忽略我。
不瞒你说，我的个头实在是太小了。

我小到你根本不可能用肉眼看到我，
哪怕你想尽一切办法，
哪怕你搜遍每一个角落。

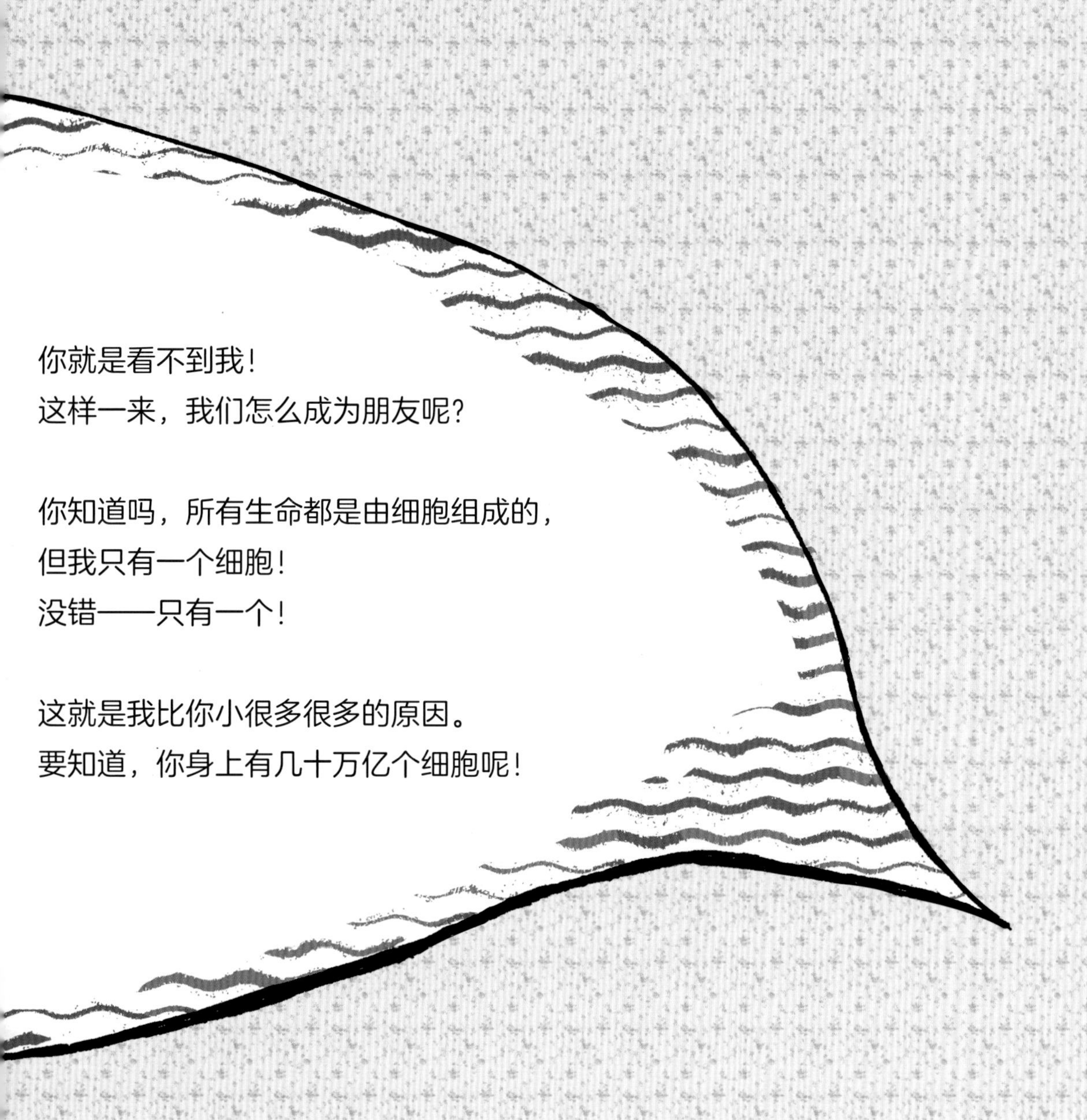
你就是看不到我！
这样一来，我们怎么成为朋友呢？
你知道吗，所有生命都是由细胞组成的，
但我只有一个细胞！
没错——只有一个！
这就是我比你小很多很多的原因。
要知道，你身上有几十万亿个细胞呢！

就算你瞪大双眼也不可能看见我。

你用天文望远镜能看到遥远的太空……但无法看到我。

你可以翻遍爸爸妈妈的手机APP……依然找不到我。

如果你近视，那就戴上眼镜……你还是无法发现我。

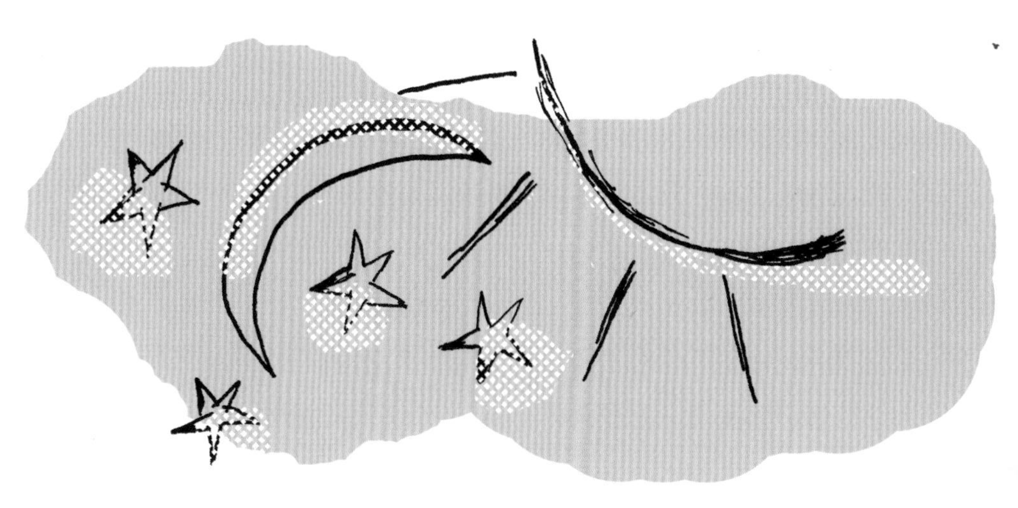

不管是在阳光下，还是在月光下，你都不可能看到我……

在路灯的光线下也不行……

就连用高倍数的放大镜都无法找出我。

我真的非常非常小。实际上，我只有1毫米的千分之一这么长。即使你把100万个我首尾相接，我们的总长也只有1米！

现在，你能看到我啦！没错，在显微镜下，站在你眼前的就是我——**细菌**！

你可能还不知道，我是你最好的朋友之一。让我来好好做个自我介绍吧！

现在，请你摆个舒服的姿势，认真听我说。

演出开始！

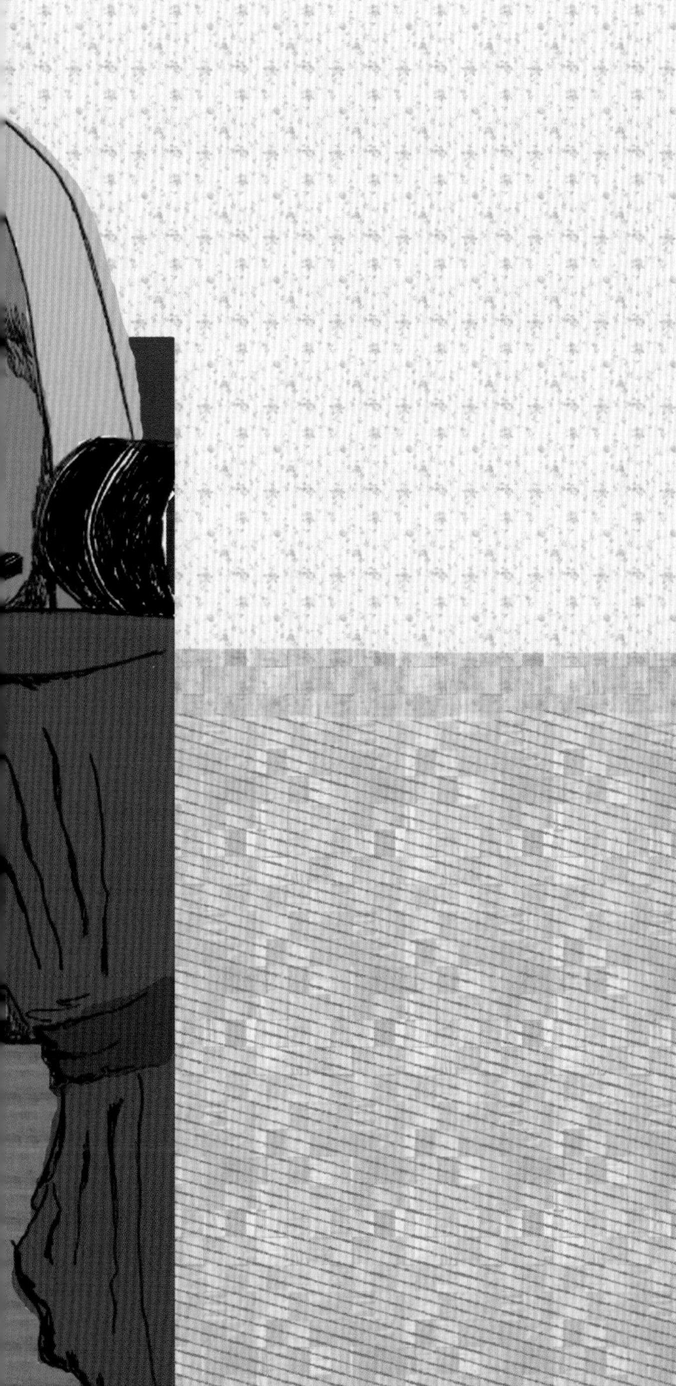

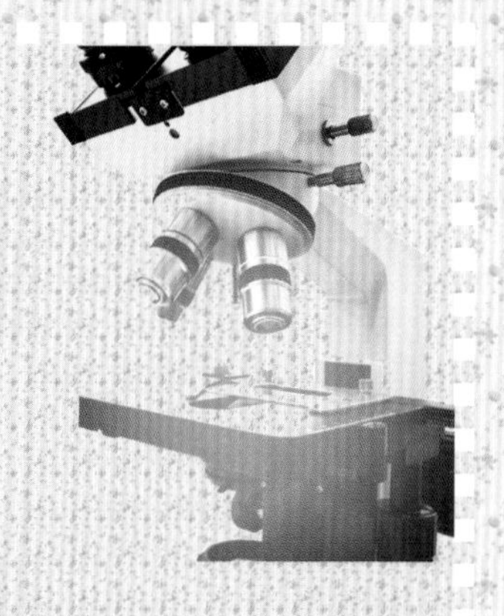

显微镜是一种特殊的设备，它的作用是放大物体。被放大的物体更容易被看清楚。

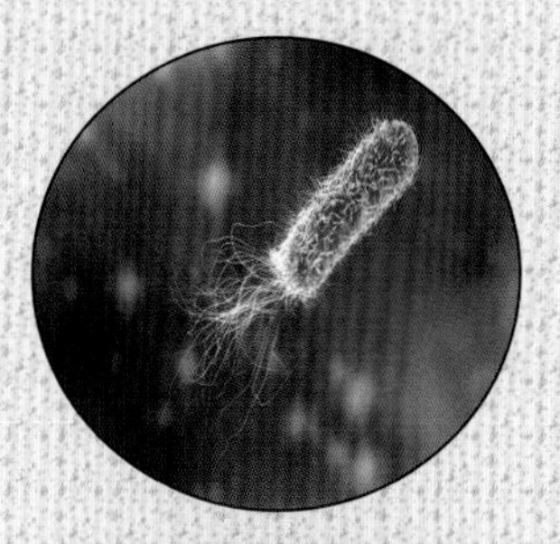

科学家们可以轻而易举地在显微镜下看到微小的细菌，比如左图的这个绿脓杆菌。

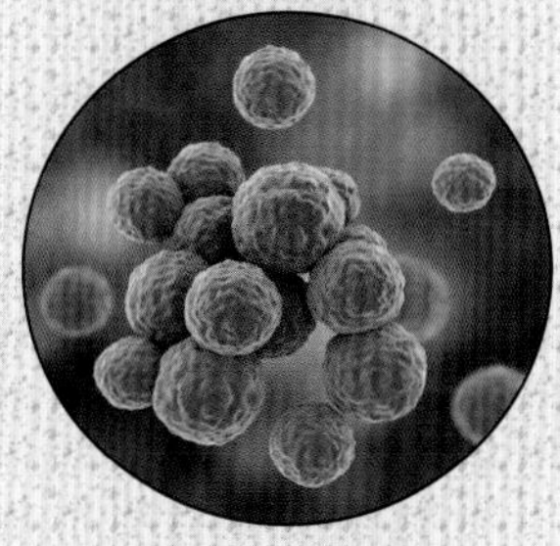

要是有不止一个细菌紧密靠在一起，我们有一个专业名词来称呼这个小集体：细菌群。

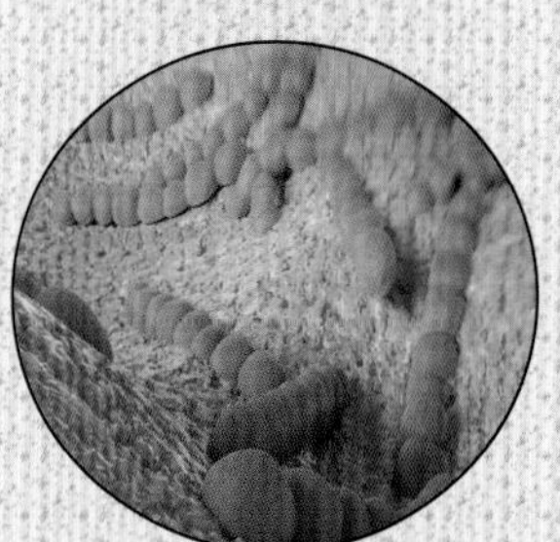

不管我们对你有益还是会让你生病，我们长得都不一样。

科学家们只有通过显微镜观察我们，才能知道他们正在和哪种细菌打交道。

首先，你得明白：我属于一个非常庞大的家族。我的家族成员都是伪装大师，我们的颜色各不相同，我们的形状也千奇百怪。

我们有的像一根杆子或者长棍，有的像一颗圆球。我们甚至可以像螺旋一样弯曲盘旋。

在我们家族中，有很多成员的身上都长有微小的触须，人们称之为**鞭毛**。细菌依靠自己的鞭毛来移动。我们有的会像锁孔里的钥匙一样旋转；有的会像蝴蝶展翅一样扇动鞭毛；有的又会像扫帚扫地一样挥动鞭毛。我们的移动速度很快，可以跟行驶在高速公路上的汽车一较高低。

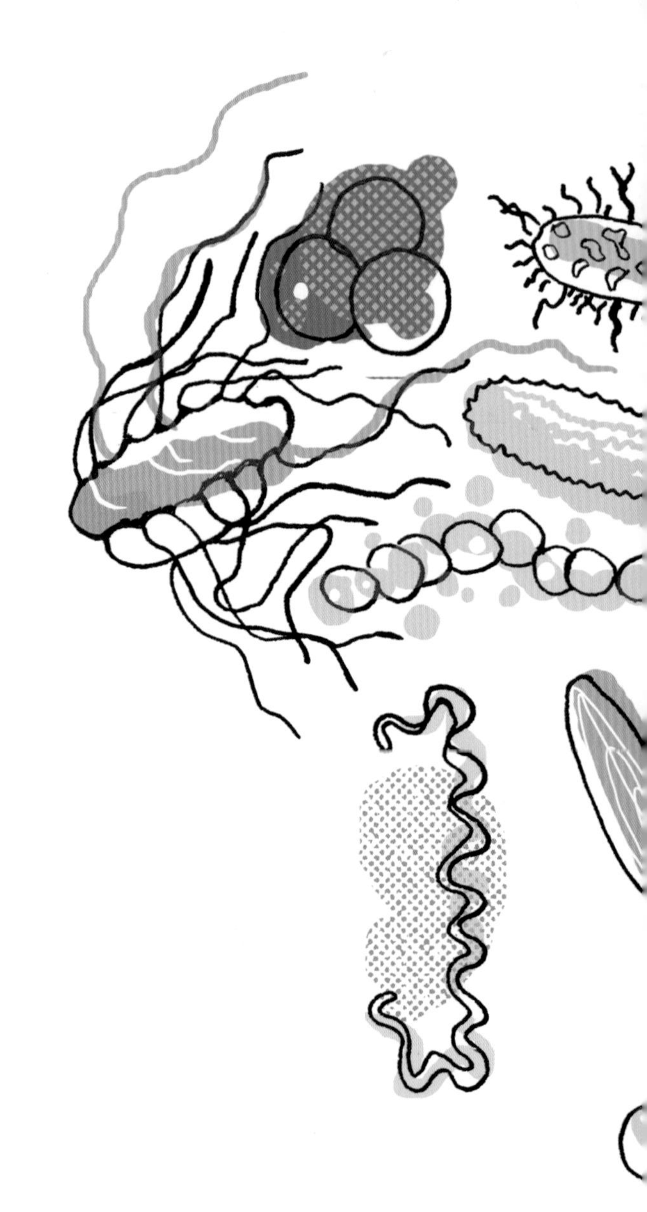

明白了吧？我们不但可以伪装自己，还可以用不同的形态、不同的方式四处移动。

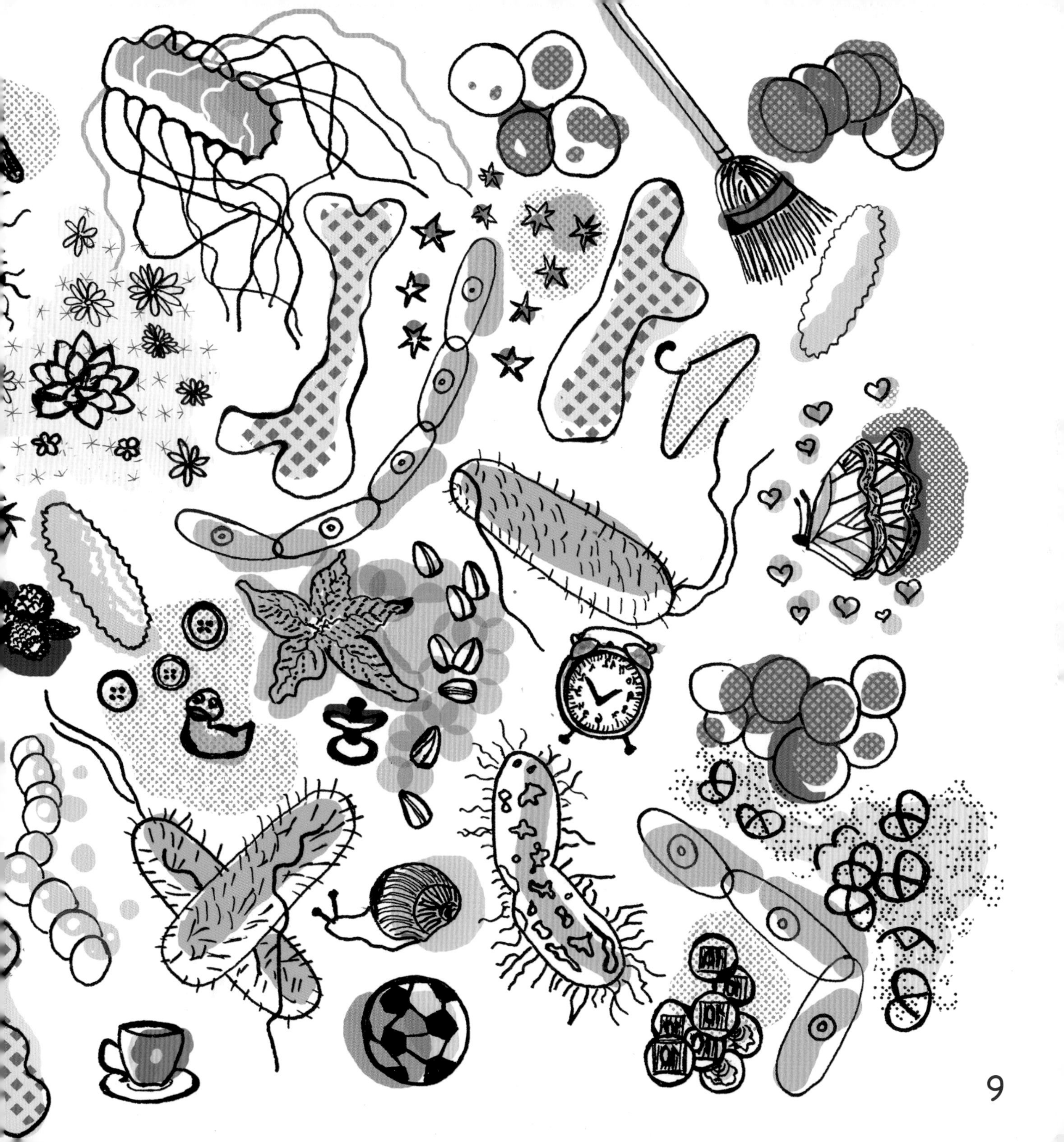

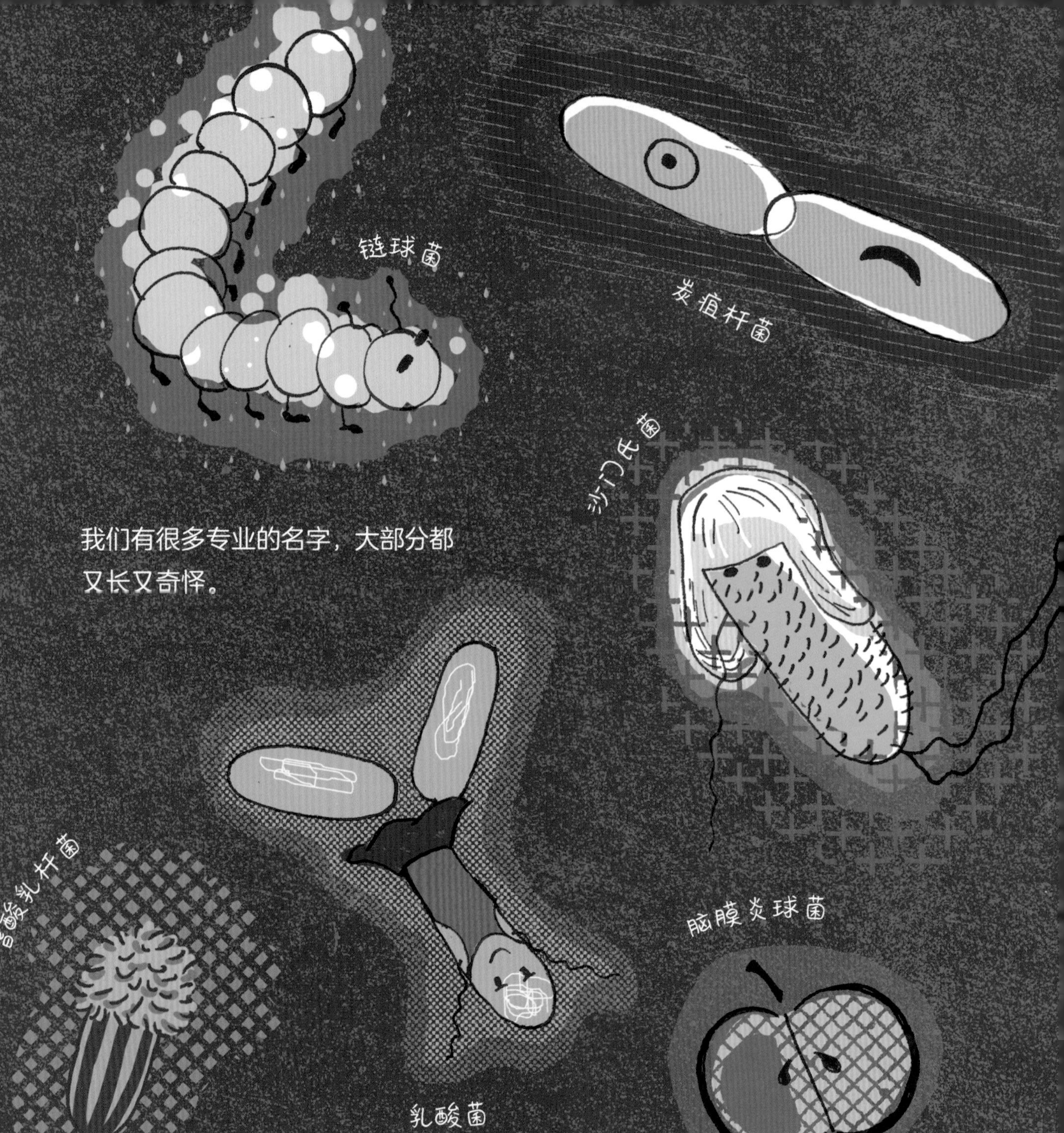


我们有很多专业的名字，大部分都又长又奇怪。

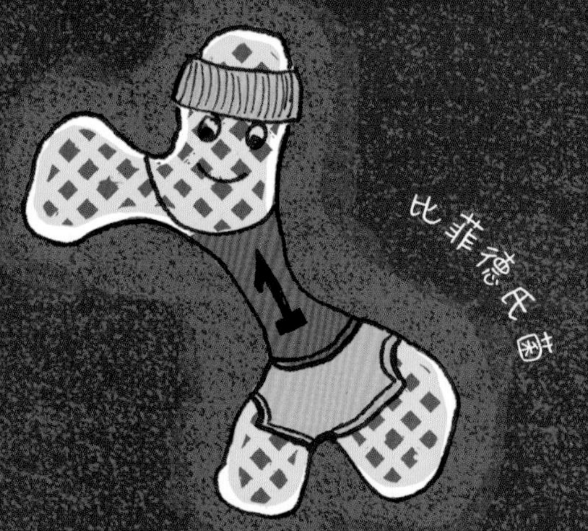


克雷伯氏菌

你也许听说过一些，比如链球菌、炭疽杆菌、沙门氏菌、嗜酸乳杆菌、乳酸菌、脑膜炎球菌、假单胞菌、克雷伯氏菌、比菲德氏菌、大肠杆菌和葡萄球菌……天哪！这太难记了！

大肠杆菌

事实上，我们家族的名单是无穷无尽的，我可以一直列举下去……

葡萄球菌

细菌从不会落单，我们喜欢群居生活。我们因群居而组成的细菌集团被称为“**菌落**”。在这里，我们互相照顾，确保每个成员都能获得食物和营养。

我们没有妻子或丈夫，不像鸟类那样需要伴侣和孵蛋。
我们用不同的方式繁殖后代。

所有细菌的生命都是从一个单细胞开始的，然后一眨眼的功夫就分裂成了两个细胞。单个细菌就这样一分为二，变成了两个细菌，它们结伴而行。

接着细菌再次分裂，由2个分裂成4个，4个再分裂成8个，8个再分裂成16个……

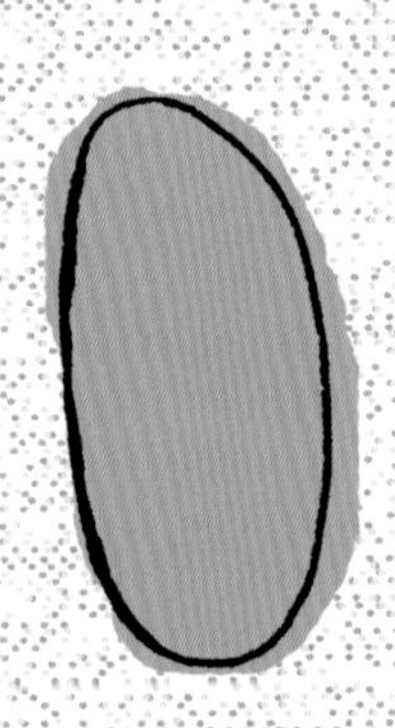

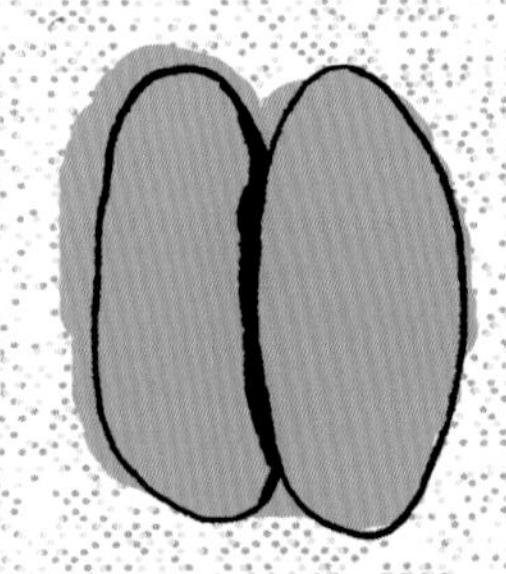

每隔几分钟，我们就会分裂一次，我们的细菌小集团也随之变得越来越大。

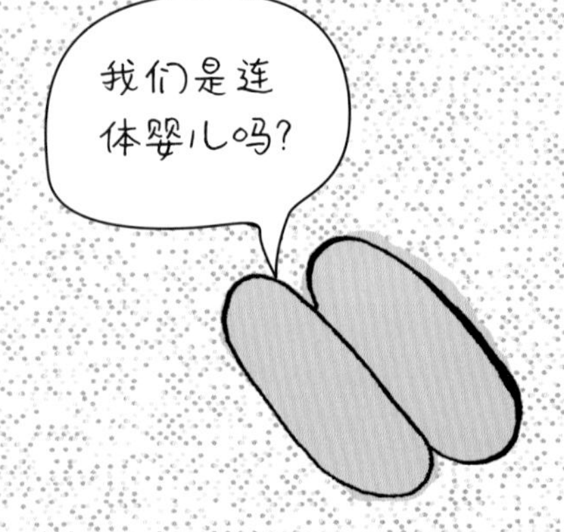


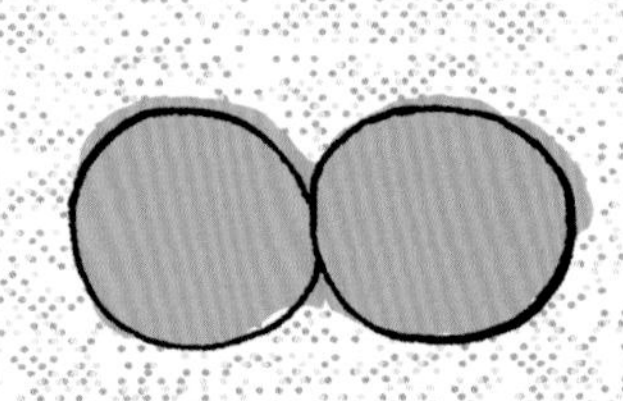

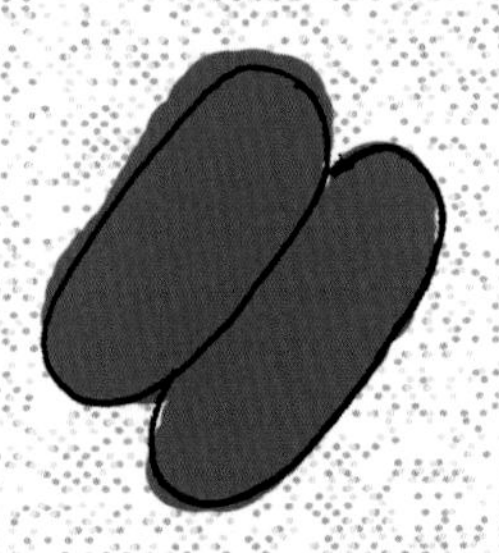

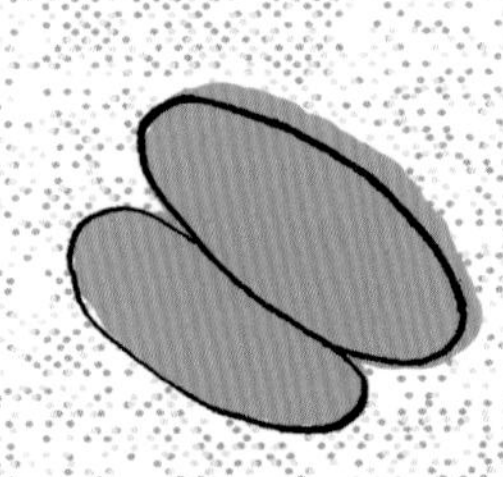

有的细菌甚至可以在10分钟内就分裂出数百万个细菌！！！

我们不停地分裂着，直到形成由数百万个细菌所组成的菌落。菌落里的每个细菌成员都**互相依附**、**互相保护**。

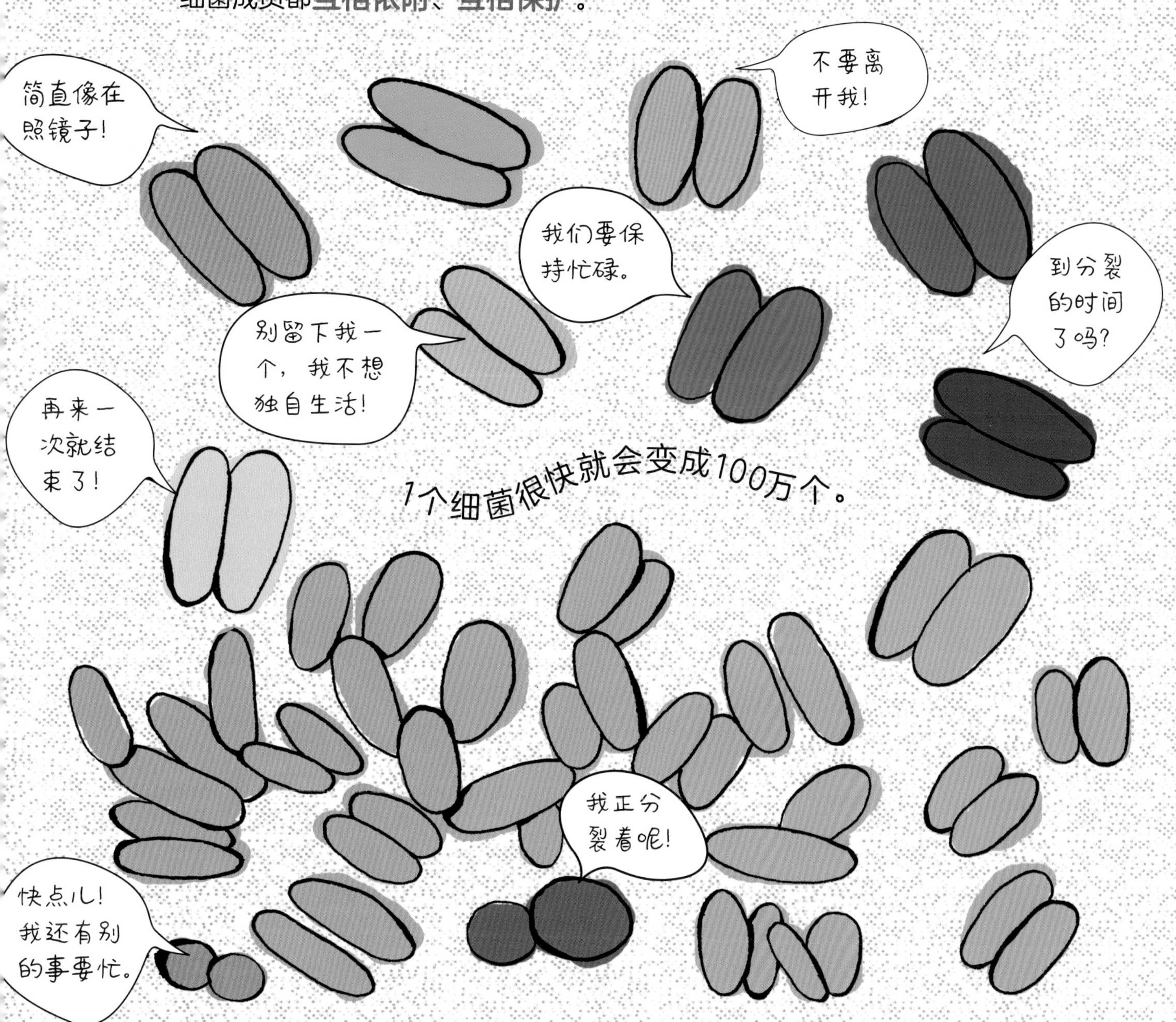

我有不计其数的亲戚！数量多到数也数不清！它们遍布世界各地。

我们没有一个固定的住所。你在哪儿都能发现我们——世界上的任何一个国家、任何一种建筑、任何一个房子或公寓里，都有我们的身影。

我们是国际旅客，我们是世界居民！

无论你住在哪儿，我们都将伴随你左右，我们无处不在！

顺便说一句，我们生活在地球上的时间要比你们人类久得多。

我们已经存在了至少35亿年，是地球上已知的最古老的生命形式！

你可以在陆地——哪怕是最炎热的沙漠中——找到我们；也可以在最深的海洋和最高的天空找到我们。

实际上，我们能够适应所有环境，不管炎热或寒冷，潮湿或干燥，坚硬或柔软。

我们甚至还有成员到月球上转了一圈又回来的呢！

那个叫轻型链球菌的家伙混在宇航员中，偷偷登上了阿波罗12号。宇航员都穿着防护服，但轻型链球菌没有，即便这样，它还是大难不死存活下来！

你知道吗，我们中的一部分细菌住在离你特别特别近的地方。想象不到吧！我们住在你身上，甚至住在你的身体里！大多数人类的皮肤上**约生活着10,000亿**个细菌，口腔中**约有100亿**个，还有几十万亿个细菌把家安在了你长长的消化道里，这个管道以你的喉咙为起点，经过胃、肠，到肛门结束。

为了回报人类给我们细菌提供的食物和居所，我们会制造出人体所需的维生素，并给你的消化系统和免疫系统提供许多支持。

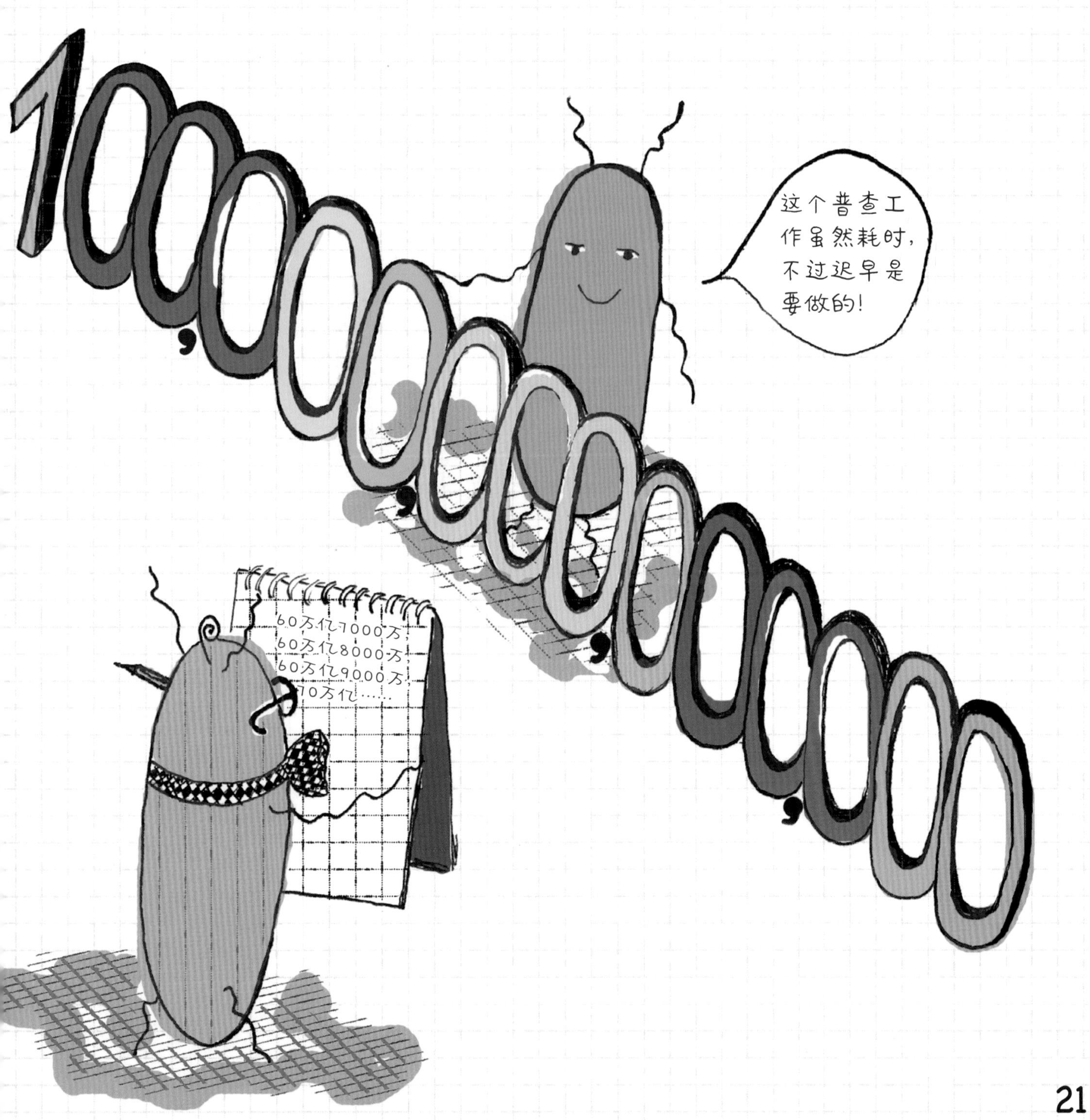

1,000,000,000,000,000
这个普查工作虽然耗时，不过迟早是要做的！
60万亿7000万，
60万亿8000万，
60万亿9000万，
70万亿……

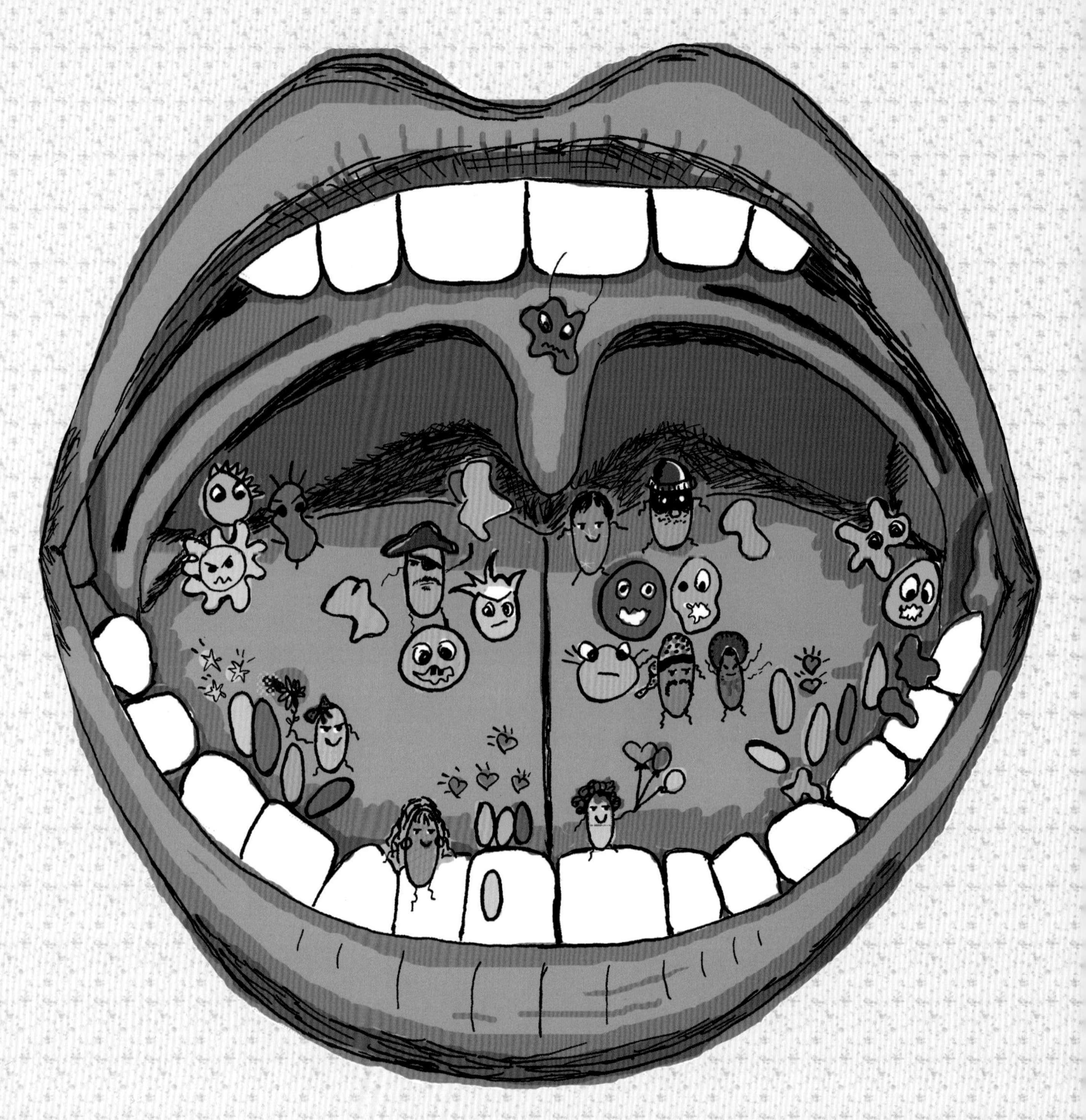

你虽然看不到我们，也无法感受或品尝到我们，但你的口腔里可住着我们家族大约30种细菌哟。

别担心！我们中的**大多数都是无害的**，一些细菌甚至能够维持你的口腔健康。我们帮你消化吃进去的食物，同时保护着你的牙龈，让你的牙齿保持强健。

我们中也有这么一类成员，靠着吃你的食物中的糖分和淀粉生存。

**糟糕的是，它永远都吃不饱！**

很不幸，一旦食物被它吃光，这种细菌就会开始吃包裹在牙齿表面的釉质。久而久之，它会慢慢腐蚀你的牙齿，留下一个个牙洞，造成蛀牙。

破坏你的牙齿和牙龈的这类细菌叫变形链球菌，它所产生的酸性物质能够破坏牙齿的釉质保护层，并最终造成牙洞。

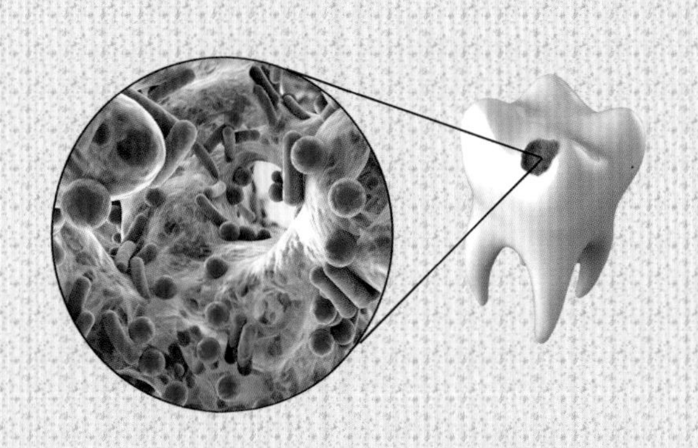

不过有个好消息，饭后刷牙可以防止变形链球菌对牙齿的破坏。

另外，少吃糖果、蛋糕等甜食，也会有益牙齿健康。多吃健康的食物能够减少有害细菌的困扰。

只有少数细菌能够让人生病，它们被称作**病原细菌**。这类细菌能释放毒素，导致发烧、酸痛、皮疹和感染。它们才是大坏蛋！

医生通常会用抗生素，如青霉素去对付它们。渐渐地，这些坏蛋越来越懂得反击，开始对药物不屑一顾。它们越来越强大，最终变成具有抗药性的**“超级细菌”**。在这些产生抗药性的细菌中，最致命的当属MRSA，中文名字是“耐甲氧西林金黄色葡萄球菌”（这个名字实在是太长太难记了！）。这种“超级细菌”甚至可以致人死亡。

还有个坏消息要告诉你，当你吞下一颗药丸准备杀死这些坏细菌时，一些好细菌也会遭殃。不过，好在你有一个**免疫系统**——人类身体的健康卫士，帮助你抵抗病菌并且保持健康，因此有时候你根本不需要吃药。当然啦，到底吃不吃药需要咨询医生，听取专业意见！

在许多发展中国家，糟糕的卫生状况、有限的净水，以及排放到河流中的污水和废弃物都可能引起细菌感染，进而引发霍乱和痢疾，并导致死亡。

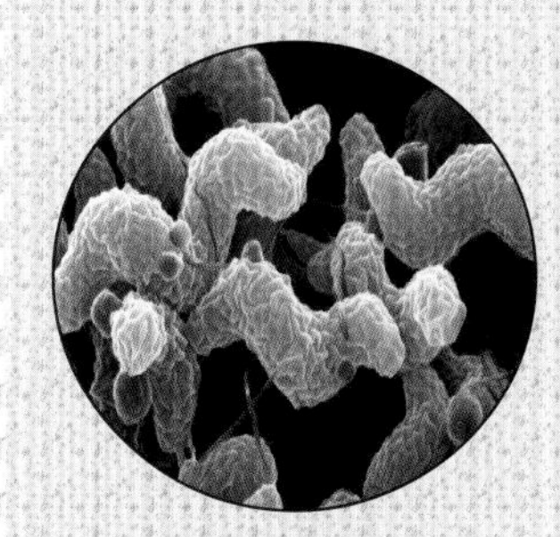

左边的这个细菌叫弯曲杆菌，呈螺旋形，常常引发急性肠炎。

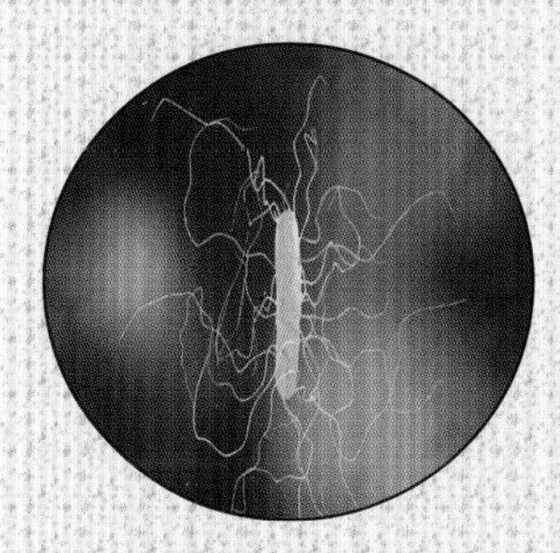

左边的这个细菌叫艰难梭状芽孢杆菌，它能够进入人类的肠道，引起呕吐和腹泻。

## 你的消化系统

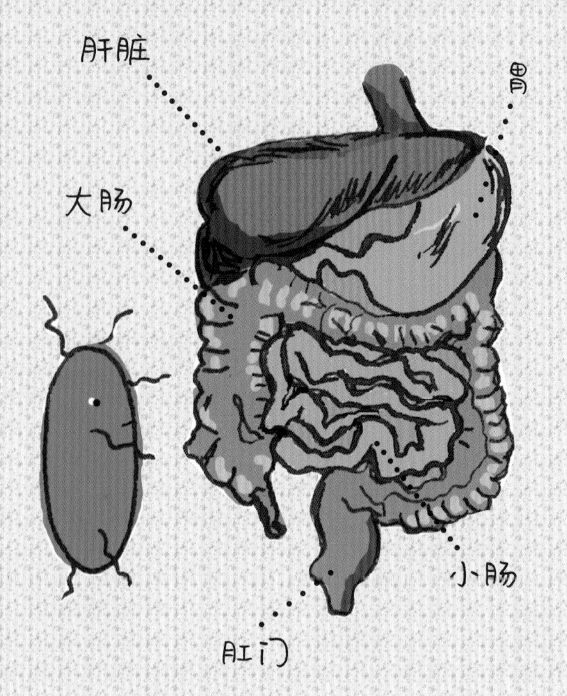


你的身体能够从食物中获得所需的几乎所有维生素。

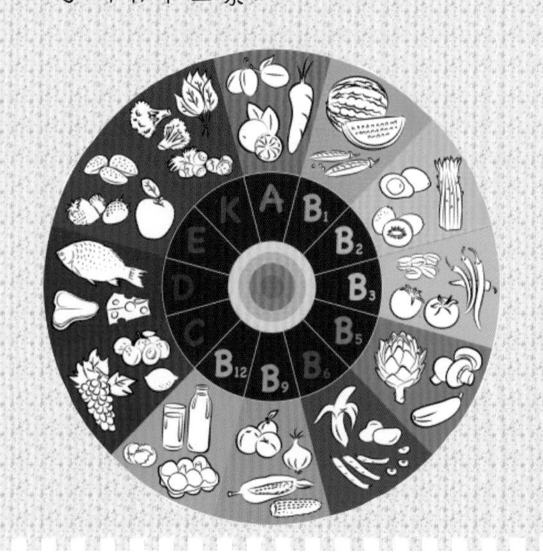


现在轮到好细菌登场了！大多数细菌都是无害的，并且有一部分对你很有帮助。

当你吃饭的时候，食物经由你的口腔抵达胃部，并流经整个消化系统。我们在这个过程中帮你**分解食物**，从而确保你的身体能够从中获得营养和热量。

在你肠道内生存的所有细菌中，有一类能够制造维生素。一旦离开这些维生素，将影响你的身体从食物中汲取能量。

这就是我们帮助你维持健康的方式。

## 有益细菌

没有我们细菌，地球上就没有了植物生长所需的土壤。

细菌是土壤中含量最高的微生物。每克土壤中就含有数十万计的细菌。事实上，一把土中蕴含的微生物可能比地球上的人还要多。

我们还能使埋在地下的植物和动物的遗体慢慢腐烂。动植物遗体被我们家族成员分解得越来越小，最终变成有益于植物生长的肥料。

也许你觉得动物粪便很臭，那是因为其中包含了我们家族中大量努力将粪便分解成肥料的细菌成员。

还有一些细菌生活在豌豆、菜豆和苜蓿的根部，它们能够帮助植物吸收气体，达到施肥的效果。

你们人类很早以前就开始利用细菌来制造奶酪、酸奶、酸黄瓜、酱油和醋等食品。

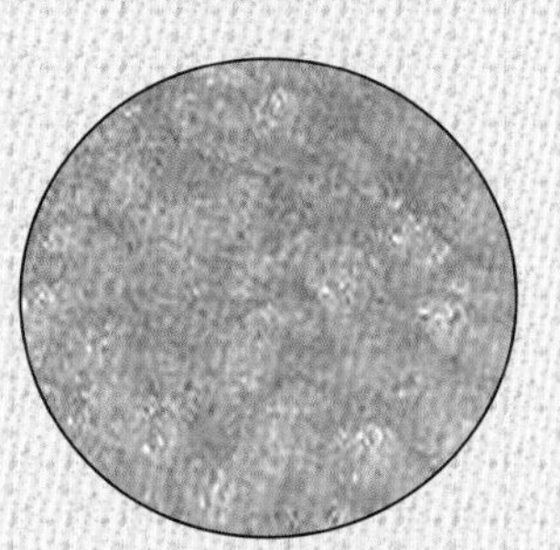

这些食品是细菌参与“发酵”的结果，在这个天然的化学变化过程中，细菌将糖转化成能量。发酵过程能够产生乳酸，有助于延长食物的保质期，同时有益于你的消化系统健康！

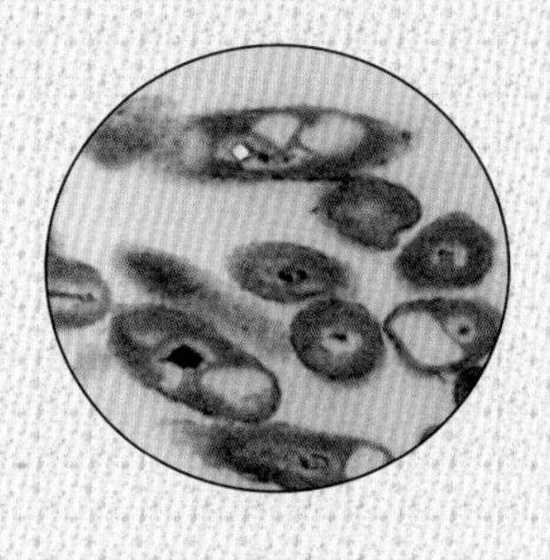

左边的细菌叫食烷菌，它是一种“吃”石油的细菌，是人类处理海上油轮漏油的得力助手。

好氧细菌能够分解对环境有害的垃圾和废水，因此，它们常被污水处理厂用来去除有毒物质。

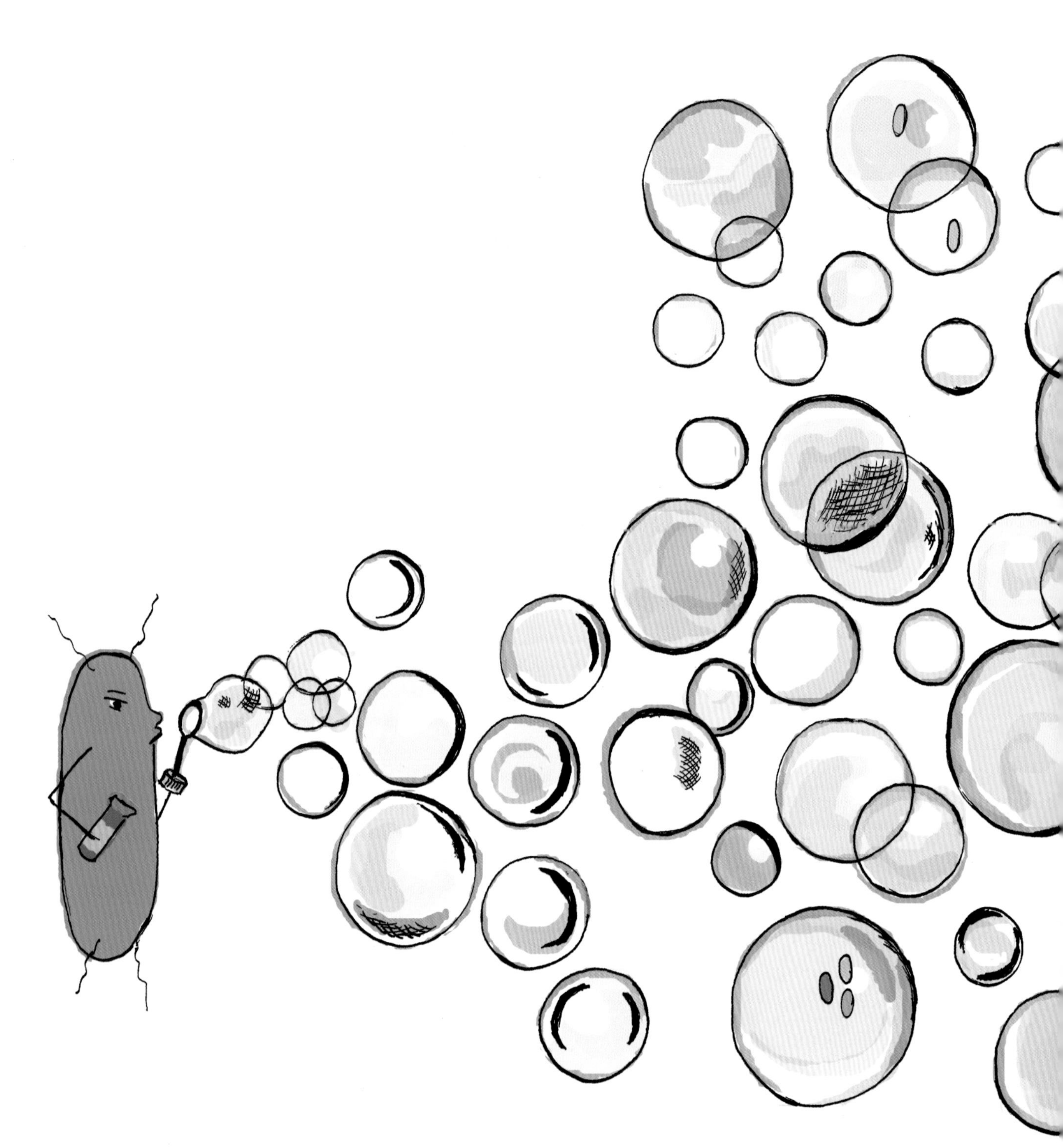

想要阻止有害细菌的传播，最简单的方式就是勤洗手。用水和普通肥皂就能把有害细菌冲走。

消毒剂则能完全杀死所有不受欢迎的细菌。在一些要求极度清洁的区域，比如医院的手术室，消毒剂就可以大显身手了。

请注意，千万不要过度使用消毒剂！因为消毒剂也会杀死有益细菌，甚至还有可能滋生杀不死的“超级细菌”。只有在非常必要的时候，才能使用消毒剂。记住：有时候“脏”一点儿也有利于建立免疫系统，对保护身体健康是有帮助的！

# 关于作者

查娜·盖贝博士在孩童时期便对医学产生了浓厚的兴趣。她在高中时就加入了以色列魏茨曼学院的一个医学研究小组。高中毕业后，她考上了以色列著名的本·古里安大学，获得临床医学学士和生物学学士双学位。后来，又在希伯来大学攻读了医学硕士和博士学位。毕业后，盖贝博士在医院工作了7年。如今，她致力于癌症领域的科研工作，以及藻类、细菌、真菌、植物细胞、果蝇、小鼠细胞系和人类淋巴瘤等有机体的研究。此外，盖贝博士也是著名的医学文献和医学书籍译者。

这套书是盖贝博士创作的第一套童书，最初的构想是为她的孩子创作一套适龄的微生物科普读物。在创作这套书的过程中，作者不仅用生动、幽默的语言，准确地讲述了细菌的知识，而且还绘制了萌趣可爱、脑洞大开的插图。

# 图片来源

第 7 页：TJIPO
Kateryna Kon
royaltystockphoto.com

第23页：Kateryna Kon
Casezy idea
African Studio
imquo
KKTan

第25页：De Visu
De Wood,Pooley,USDA,ARS,EMU
Kateryna Kon

第28页：taro911 Photographer
yuris
Malene Thyssen
Potapov Alexander

第29页：Sik Tork on enwiki
Lunsdorf HZI
kajornyot wildlife photography

第31页：Kotomiti Okuma
Phovoir

献给我的孩子们：
希莱勒、德瓦士和阿嘎姆。